Le
7 Février
1897

RÉPUBLIQUE FRANÇAISE

LIBERTÉ — ÉGALITÉ — FRATERNITÉ

VILLE DE PARIS

LES FÊTES

de la

Municipalité de Paris

Inauguration

de la Rue Réaumur

IMPRIMÉ A L'ÉCOLE MUNICIPALE ESTIENNE

Février 1898.

RÉPUBLIQUE FRANÇAISE

LIBERTÉ — ÉGALITÉ — FRATERNITÉ

VILLE DE PARIS

COMPTE RENDU OFFICIEL

DE LA

CÉRÉMONIE D'INAUGURATION

De la Rue Réaumur

LE 7 FÉVRIER 1897

PARIS

IMPRIMERIE DE L'ÉCOLE ESTIENNE

18, BOULEVARD D'ITALIE, 18

1898

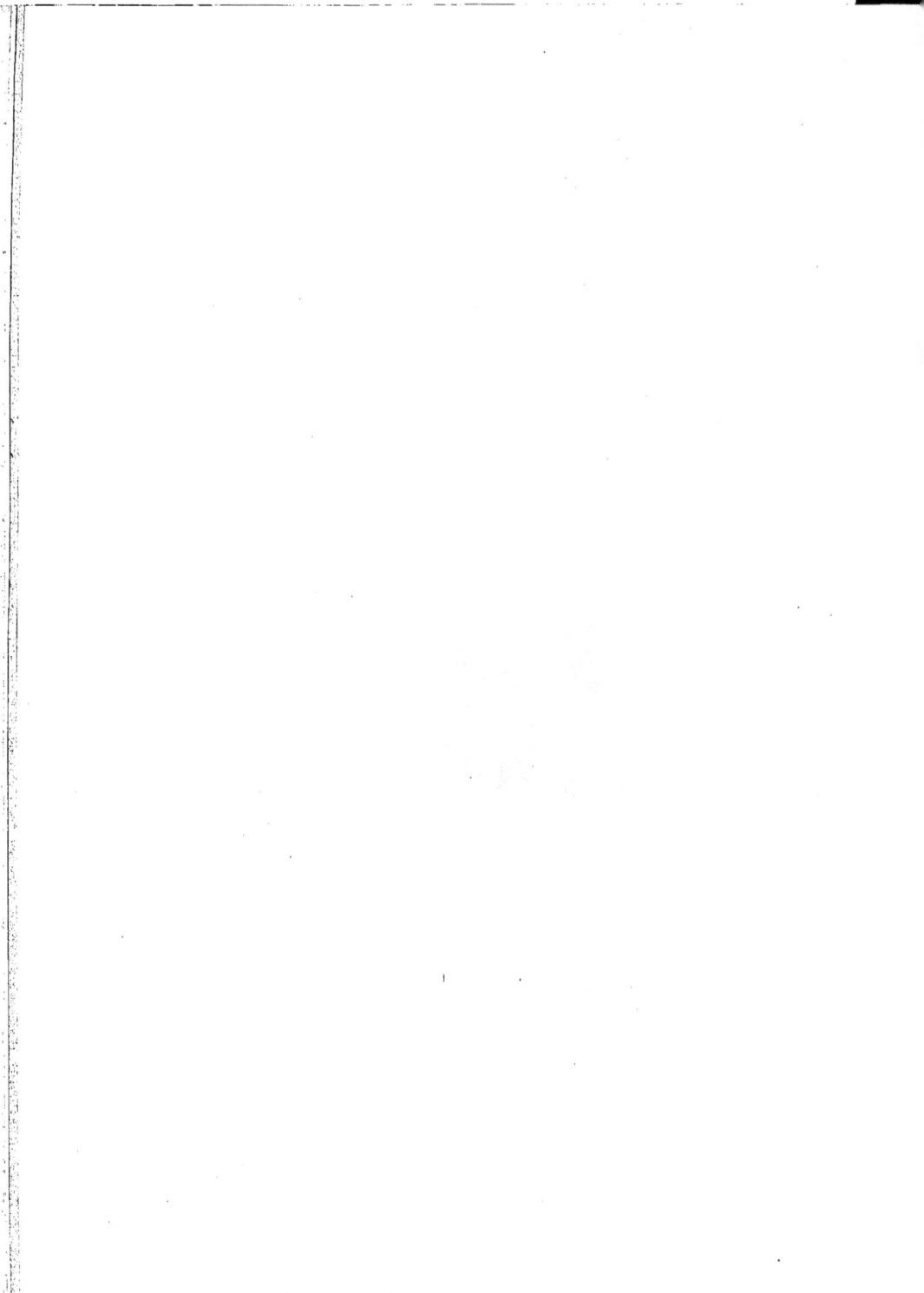

CONSEIL MUNICIPAL
DE PARIS

INAUGURATION
DE LA
RUE RÉAUMUR

7 Février 1897

BUREAU

DU

CONSEIL MUNICIPAL DE PARIS

(Élu à l'ouverture de la deuxième session ordinaire de 1896, le 3 juin).

PRÉSIDENT :

M. Pierre BAUDIN.

VICE-PRÉSIDENTS :

MM. LANDRIN.
Paul BROUSSE.

SECRÉTAIRES :

MM. BREUILLÉ.
Adolphe CHÉRIOUX.
REBEILLARD.
RANSON.

SYNDIC :

M. Léopold BELLAN.

BUREAU

DU

CONSEIL GÉNÉRAL DE LA SEINE

(Élu à l'ouverture de la troisième session de 1896, le 17 juin, et maintenu à l'ouverture
de la quatrième session de 1896, le 28 octobre).

PRÉSIDENT :

M. A. GERVAIS.

VICE-PRÉSIDENTS :

MM. PUECH.

CLAIRIN.

SECRÉTAIRES :

MM. PIETTRE.

Max VINCENT.

ASTIER.

ARCHAIN.

SYNDIC :

M. Léopold BELLAN.

ADMINISTRATION

DE

LA VILLE DE PARIS ET DU DÉPARTEMENT DE LA SEINE

Préfet de la Seine : M. de SELVES.

Secrétaire général de la Préfecture de la Seine : M. BRUMAN.

Préfet de Police : M. LÉPINE.

Secrétaire général de la Préfecture de Police : M. LAURENT.

SERVICES ADMINISTRATIFS

Directeur des Finances : M. FICHET.
— de l'Enseignement primaire : M. BÉDOREZ.
— de l'Assistance publique : M. PEYRON.
— de l'Octroi : M. DELCAMP.
— du Mont-de-Piété : M. DUVAL.
— des Affaires municipales : M. MENANT.
— des Affaires départementales : M. LE ROUX.
— des Travaux : M. HUET.

SERVICES TECHNIQUES

Directeur des Eaux : M. HUMBLOT.
— de la Voie publique : M. BOREUX.
— des Égouts : M BECHMAN.

SECRÉTARIAT DES CONSEILS MUNICIPAL ET GÉNÉRAL

Chef de Service : M. RISTELHUEBER.

NOTICE SUR LA RUE RÉAUMUR

IIᵉ ARRONDISSEMENT. — 8ᵉ QUARTIER.
IIIᵉ ARRONDISSEMENT. — 9ᵉ QUARTIER.

Commence rue du Temple, 165. — Finit rue Notre-Dame-des-Victoires.

LONGUEUR : 1.345 MÈTRES.
LARGEUR : 20 MÈTRES.

Précédemment rue Royale-Saint-Martin entre l'ancien marché Saint-Martin et la rue Saint-Martin, et rue du Marché-Saint-Martin entre la rue Volta et l'ancien marché.

Cette voie a été ouverte entre les rues Volta et Saint-Martin, en 1765, sur l'emplacement du prieuré de Saint-Martin des Champs. Pendant la Révolution, la rue Royale-Saint-Martin a été nommée rue de la Fraternité.

Le voisinage du Conservatoire national des Arts et Métiers lui fit donner, en 1851, le nom du grand physicien René-Antoine de Réaumur, né en 1683, mort en 1757.

Décision ministérielle du 3 décembre 1814 et *Ordonnance royale du 29 décembre 1824.* Alignement entre les rues Volta et Saint-Martin.

Décret du 18 février 1851. Réunissant les rues du Marché-Saint-Martin et Royale-Saint-Martin sous le nom de Réaumur.

Décret du 29 septembre 1854 (Utilité publique). Ouverture et alignement entre la rue Saint-Martin et la rue Saint-Denis.

Décret du 23 août 1858 (Utilité publique). Élargissement entre la rue du Temple et la rue Saint-Martin, et ouverture entre les rues du Temple et de Turbigo.

Décret du 24 août 1864 (Utilité publique). Ouverture et alignement entre la rue Saint-Denis et la rue Notre-Dame-des-Victoires.

Décret du 9 avril 1885. Modifiant l'alignement du côté des numéros impairs entre les rues Saint-Denis et des Petits-Carreaux.

CÉRÉMONIE D'INAUGURATION

DE LA RUE RÉAUMUR

———

Dans la séance du Conseil municipal du 16 novembre 1896, M. Léopold Bellan, syndic, proposa, au nom du Bureau, d'inaugurer officiellement la nouvelle rue Réaumur, dont la Ville avait assuré l'exécution par un prélèvement de 50 millions sur les fonds de l'emprunt 1892.

Cette proposition fut adoptée, et le Bureau reçut le mandat de prendre date avec M. le Président de la République pour cette cérémonie, qu'il fut chargé d'organiser.

L'inauguration a eu lieu le 7 février 1897, à deux heures après midi.

Une tribune destinée aux personnages officiels avait été construite par les soins du service de la Voie publique, à la tête duquel est M. Boreux, ingénieur en chef des ponts et chaussées ; elle était située à l'angle du square qui entoure la Bourse et de la rue Notre-Dame-des-Victoires. Cette tribune, édifiée

2

par M. l'ingénieur Maréchal, était ornée de panoplies d'outils, de drapeaux, de plantes, de fleurs et de statues; elle contenait, au centre, un salon meublé et décoré de fleurs pour le Président de la République.

Trois autres tribunes, disposées à droite et à gauche de la nouvelle voie, étaient destinées aux invités de la Municipalité. Sur tout son parcours la rue Réaumur avait été décorée de mâts supportant des oriflammes et reliés entre eux par des guirlandes de verdure.

M. Félix Faure, président de la République, accompagné de M. Barthou, ministre de l'Intérieur, du général Tournier, secrétaire général de la Présidence, de M. Le Gall, directeur du cabinet civil, et des officiers de la maison militaire, a été reçu au bas de l'estrade officielle par M. Pierre Baudin, président du Conseil municipal de Paris, et par M. de Selves, préfet de la Seine.

M. le Président de la République a pris place sur l'estrade, ayant à sa droite M. le président du Conseil municipal et à sa gauche M. le Préfet de la Seine. Les autres fauteuils du premier rang étaient occupés : à droite, par M. le Ministre de l'Intérieur, M. Chautemps, député du III. arrondissement, M. Lépine, préfet de Police, M. Léopold Bellan, syndic du Conseil municipal; à gauche, par M. Gervais, président du Conseil général de la Seine, M. Mesureur, député du II° arrondissement, M. Landrin, vice-président du Conseil municipal, M. Bruman, secrétaire général de la Préfecture de la Seine.

Sur l'estrade officielle prirent également place MM. Breuillé, Adolphe Chérioux, Rebeillard et Ranson, secrétaires du Conseil municipal, et MM. Blachette, Caron, Blondel, Louis Lucipia, Foussier et Puech, conseillers des II° et III° arrondissements, ainsi qu'un grand nombre de leurs collègues, de Maires des arrondissements du centre de Paris; les directeurs et chefs de service de la Préfecture de la Seine et les fonctionnaires de la direction des Travaux de Paris occupaient aussi les places de cette tribune.

Une musique militaire prêtait son concours à cette solennité, à laquelle, en dehors des invités et des personnages officiels, s'associèrent un grand nombre de Parisiens.

Discours de M. Pierre Baudin

M. le président du Conseil municipal a prononcé le discours suivant :

MONSIEUR LE PRÉSIDENT DE LA RÉPUBLIQUE,

Je vous remercie d'avoir bien voulu accepter l'invitation du Conseil municipal : votre présence est plus qu'un honneur pour nous ; c'est la plus haute collaboration morale que nous puissions souhaiter. En moins d'un an, vous avez inauguré la mairie du X° arrondissement, l'École Estienne et la rue Réaumur : je vous en exprime notre profonde et respectueuse gratitude.

Je dois aussi saluer, au nom des représentants de la Cité, M. le Ministre de l'Intérieur, qui suit avec intérêt nos travaux et qui a tenu à nous donner une marque de sympathie en assistant à cette cérémonie.

MONSIEUR LE PRÉSIDENT,
MESSIEURS,

La rue Réaumur a mis quelque quarante ans à devenir la belle et large avenue que nous inaugurons aujourd'hui. A travers des phases diverses, elle a réuni d'énergiques partisans et rencontré d'ardents adversaires ; mais ceux-là l'ont le mieux servie et défendue qui ne l'aimaient pas pour elle-même.

Entre tant d'opérations semblables qui pouvaient paraître aussi nécessaires, elle a été choisie en effet moins pour les avantages qui lui sont propres que pour des raisons à côté qu'il est topique de rappeler.

Le baron Haussmann avait compris la percée de
la rue Réaumur dans un programme qu'il définissait
ainsi devant la Commission municipale :

« Ce n'est pas dans la seule pensée d'embellir ni
même d'assainir Paris que depuis plusieurs années vous
avez résolument entrepris, sous l'influence d'une auguste
pensée, l'ouverture de larges voies de communication...
Vous avez été frappés tout d'abord de la nécessité de
mettre la capitale de la France à l'abri des entreprises
des fauteurs de troubles qui, encouragés par une étude
savante des vieux quartiers, transformaient le centre de
Paris et diverses parties des faubourgs en autant de cita-
delles périodiquement fortifiées par l'émeute.

« Traverser de part en part ces groupes serrés de
maisons malsaines, où fermentaient à la fois la fièvre, la
misère et trop souvent les passions anarchiques, dégager largement les Tuileries, l'Hôtel de Ville, éternels
objets d'attaque pour les factieux ; ménager aux forces
militaires un accès facile et de vastes emplacements
sur les points dangereux, telle a été votre première
préoccupation. »

L'histoire, vous le voyez, Messieurs, fera bien de
ne point dédaigner les mémoires administratifs, d'ordinaire si arides et si vides ; celui-ci projette une
lumière violente sur la figure des hommes du second
Empire.

L'auteur de la transformation de la capitale, qui nour-
rissait pour Paris un si singulier amour, dut goûter
des joies aujourd'hui interdites au cœur d'un préfet de
la Seine. Il crut réaliser son rêve de créer une cité
merveilleuse. Il pensa se donner la gloire d'un fondateur

de ville, et en même temps il eut la satisfaction de voir tomber pierre à pierre ce vieux Paris qu'il fallait assagir.

Admirable combinaison de sentiments, d'édilité, de finances et de politique!

Mais les Parisiens, qu'on ne trompe pas aisément, ne manquèrent pas d'accuser M. Haussmann de leur préparer, par ses vastes avenues, un paradis pavé des plus mauvaises intentions.

Dirigée contre l'Hôtel de Ville, la rue Réaumur est aujourd'hui inaugurée par l'Hôtel de Ville. Conçue par l'Empire pour malaxer Paris, en brisant les bornes de ses carrefours, premières tribunes des orateurs populaires, en le démantelant par la démolition de ses vieilles maisons d'où surgissait soudain, à l'appel de la Liberté, l'esprit de la Fronde et de la Révolution, voilà que la République poursuit et achève la rue Réaumur pour doter la Cité d'une voie indispensable à sa circulation, pour l'accroître en salubrité, et je dirais même en beauté si je ne craignais d'offenser ces ruines encore vivantes de tant de souvenirs.

Ne trouvez-vous pas, Messieurs, qu'il se dégage de cette comparaison une suggestive moralité?

Nous faisons souvent ce que faisaient nos adversaires; seulement, c'est pour d'autres raisons.

Après la chute de l'Empire, la rue Réaumur changea en effet de destination. Elle devint, pour un grand nombre de mes collègues, l'indispensable voie qu'il fallait ouvrir au passage du Métropolitain; de sorte que, le jour où le Conseil décida de l'achever, il n'est pas douteux qu'il entendit voter une section de Métropolitain plutôt qu'une opération de voirie.

Quoi qu'il advienne d'ailleurs, les partisans du Métropolitain n'auront rien à regretter : le percement de la rue Réaumur se justifie tout seul, par de puissants motifs de viabilité et d'hygiène.

La seule crainte qu'on pût raisonnablement concevoir était que l'exécution des travaux n'occasionnât une dépense excessive. Or la rue Réaumur n'a pas épuisé la dotation de 50 millions que le Conseil municipal lui avait affectée.

Grâce à l'activité et à l'expérience de notre distingué collègue M. Caron, président de la Commission des indemnités, et au dévouement de tous les membres de la Commission, assistés de MM. Rousset et Duplan, nos conseils éclairés ; grâce à M. Pierron, architecte-voyer en chef adjoint, qui a dirigé le service technique des expropriations avec une habileté à laquelle je suis heureux de rendre hommage, la Ville put traiter à l'amiable avec un certain nombre de propriétaires, et les expropriations, qui se sont traduites si souvent par de ruineux mécomptes, n'ont pas atteint, cette fois, les prévisions du Conseil municipal. Je dois louer aussi la remarquable célérité avec laquelle, sous la direction de l'honorable M. Huet, directeur administratif des travaux, et de notre distingué ingénieur en chef de la voie publique, M. Boreux, les ingénieurs et notamment M. Maréchal ont conduit les travaux de viabilité, et je tiens à féliciter également tout le personnel placé sous leurs ordres.

Telle est, Messieurs, l'histoire actuelle de la rue Réaumur. Son histoire passée — c'est-à-dire les rues anciennes auxquelles elle succède, les souvenirs variés

que j'évoquais tout à l'heure — est pleine d'enseigne-
ments. Permettez-moi d'en rapporter quelques traits.

De la rue du Temple à la rue Saint-Martin, la rue
Réaumur remplace un chemin assez tortueux qui, sous le
nom, pas très fier, de rue de la Pissotte, qu'il portait dès la
fin du xiiie siècle, se continuait par la rue Frépillon et la
rue au Maire encore existante.

En suivant ce chemin, on traversait d'abord des
cultures appartenant aux moines de Saint-Martin, puis
on contournait les hautes murailles crénelées et flanquées
de tours qui défendaient le vaste enclos du prieuré, et
c'est seulement dans la rue Saint-Martin qu'on décou-
vrait, à droite, le monastère avec ses églises, son cimetière et les habitations de ses vassaux ; le tout formait
un village séparé de Paris, comme l'indiquait le nom du
prieuré : Saint-Martin des Champs.

Cette communauté, qui subsista jusqu'à la Révolution, était très riche et très puissante. Des prieurs qui
s'y succédèrent plusieurs devinrent d'illustres personnages ; il suffit de citer le plus grand : le cardinal de
Richelieu.

Les moines de Saint-Martin ne semblent pas avoir
jamais sacrifié le temporel au spirituel. Ils accumulaient
bénéfices et privilèges. Soixante-dix cures, vingt-cinq
prieurés, plusieurs vicariats et chapelles dépendaient
d'eux. Mais les revenus de ce domaine ne leur étaient point
encore suffisants. C'était le temps du duel judiciaire, la
seule forme qu'on ait trouvée de faire trancher par la jus-
tice divine les conflits entre les hommes. Les moines se
trouvèrent naturellement désignés pour percevoir les
frais de la procédure de ce suprême tribunal. Ils ouvrirent

3

un champ clos et firent payer le vaincu. De cette coutume est sorti le proverbe : « Les battus payent l'amende. »

Quand cette source de revenus fut tarie et que la générosité des fidèles déclina, les moines de Saint-Martin entreprirent des spéculations immobilières. Ils firent construire dans la cour d'entrée du prieuré qui s'ouvrait sur la rue Saint-Martin, à côté de l'église Saint-Martin des Champs, de vastes bâtiments où ils logèrent les artisans qui se réfugiaient dans l'enceinte du monastère pour y pouvoir travailler à l'abri de la tyrannie des jurandes. Plus tard, en 1765, ils profitèrent de l'établissement d'un marché public sur l'emplacement de l'hôtel du prieur, acheté par la Ville, pour bâtir aux environs des maisons de rapport.

Survient la Révolution : le prieuré est supprimé, partie des bâtiments sont occupés par les bureaux de la mairie du VIe arrondissement, aujourd'hui la mairie du Temple; le cloître, le réfectoire et l'église sont affectés au Conservatoire des Arts et Métiers, et les choses demeurent ainsi jusqu'au 18 février 1851, date d'un décret qui réunit les rues Royale et du Marché-Saint-Martin, créées en 1765 en même temps que le marché, sous le nom de Réaumur : c'est la première étape de la construction de la voie que nous inaugurons.

En 1854 et en 1858, nouveaux décrets prescrivant l'élargissement de la rue Réaumur pour dégager le côté sud du Conservatoire des Arts et Métiers et poussant cette rue jusqu'à la rue du Temple. Enfin, l'ancienne cour ou carré Saint-Martin vient d'être à son tour expropriée. On n'y verra plus la maison bariolée du marchand de couleurs à l'enseigne du *Bon-Broyeur* ni la petite tour

Eiffel qui surmontait le débit de marchand de vins situé
au numéro 58 ; mais on pourra désormais admirer l'impo-
sante abside romane de Saint-Martin des Champs, sa tour
ruinée et décapitée et une sacristie de style ogival dont
l'existence n'était guère connue que du locataire qui
l'occupait et qui y avait installé un magasin de machines
à coudre.

Trois immeubles restent à exproprier pour mettre
tout à fait en lumière le chevet de ce beau monument
et dégager le Conservatoire des Arts et Métiers. Cette
opération intéresse surtout l'État ; il dépendra du chiffre
de sa contribution financière qu'elle soit exécutée. Des
négociations sont en cours ; je me permets de les signaler
à l'attention de M. le Président de la République : l'État
défend son budget avec une ardeur qui n'est pas toujours
très équitable en ce qui concerne la Ville de Paris.

Messieurs, je vous demande pardon de vous avoir
arrêtés si longtemps au lieu où s'élevait le prieuré Saint-
Martin ; mais il m'a paru que son histoire valait d'être
rapportée, puisqu'elle constitue l'état civil des origines
de cette partie de la rue Réaumur et du quartier des
Arts-et-Métiers. Nous allons maintenant traverser la rue
Saint-Martin et gagner la rue Saint-Denis. Cette section de la rue Réaumur, ouverte en 1858 en même temps
que le boulevard de Sébastopol, longe d'abord à droite le
derrière du théâtre de la Gaîté. C'est un théâtre municipal, ses antécédents sont fort curieux : deux raisons
pour que j'en dise quelques mots.

La Gaîté était le plus ancien et le plus fréquenté des
théâtres du boulevard du Temple. Il y fut fondé en 1760
par un danseur du nom de Nicolet. Le programme de

ses spectacles commençait toujours par ces mots : « De plus en plus fort. » De là le proverbe encore populaire. On y dansait sur la corde, on y représentait des ballets, des pantomimes, des pièces grivoises ; bref ce n'était pas un théâtre où l'on s'ennuie, si j'en juge par cet extrait de l'*Almanach des spectacles* de 1791 :

« Ce spectacle est d'un genre tout à fait étranger aux autres ; on y allait autrefois pour jouir d'une liberté qu'on ne trouvait nulle part ailleurs : on y chantait, on y riait, on y faisait une connaissance, et quelquefois plus encore sans que personne y trouvât à redire, chacun y était aussi libre que dans sa chambre à coucher. Aujourd'hui la bonne compagnie commence à changer le ton de ce spectacle. »

Chassé du boulevard du Temple par le prolongement du boulevard du Prince-Eugène, devenu le boulevard Voltaire, le théâtre de la Gaîté s'est installé en 1861 sur son emplacement actuel.

Franchissons maintenant le boulevard de Sébastopol. La rue Réaumur coupe la rue de Palestro, laissant à gauche le passage de la Trinité et la cour des Bleus. Ces deux vocables rappellent l'existence à cet endroit de l'hôpital de la Trinité, fondé au xiie siècle par des religieux. Cet établissement de bienfaisance, qui fut aussi une auberge et même, pendant quelques années, un théâtre où débutèrent les confrères de la Passion et les Enfants sans soucis, se transforma au xvie siècle en un orphelinat. Mais les religieux réservaient « la pitance des aumônes aux enfants naiz en loyal mariage ». On vendait les autres, pour quelques sous, aux truands de la cour des Miracles.

De même que l'enceinte du prieuré de Saint-Martin, l'enclos de la Trinité était lieu d'asile aux artisans qui désiraient travailler librement, et les religieux leur imposaient de prendre les orphelins comme apprentis. Ces enfants étaient uniformément vêtus de bleu, aussi les appelait-on : « les bleus ». Le mot est resté : on l'applique encore, à la caserne, aux soldats de la nouvelle classe et c'est ainsi que les ouvriers désignent les apprentis.

Nous touchons, Messieurs, à la Grand'Rue de Paris. C'est ainsi du moins que nos aïeux appelaient la rue Saint-Denis, qui était, au moyen âge, la plus belle et la plus longue de la ville. C'est par la porte Saint-Denis que les rois et les reines faisaient leur entrée.

« A l'entrée de Louis XI, rapporte Jean de Roye, il y avait à la fontaine du Ponceau trois belles filles faisant personnages de sirènes, toutes nues, lesquelles, en faisant voir leurs beaux seins qui étaient choses bien plaisantes, disaient de petits motets et bergerettes pendant que plusieurs bas instruments rendaient de grandes mélodies. »

La tradition n'a point conservé ce divertissement dans le programme de l'entrée des souverains à Paris.

Je me hâte, Messieurs, pour ne pas trop fatiguer votre attention. A gauche, passé la rue Saint-Denis, nous avons les numéros impairs de la rue Thévenot dont le côté pair a été incorporé à la nouvelle voie, puis la rue Dussoubs, dont le nom perpétue la mémoire de Denis-Gaston Dussoubs, tué le 4 décembre 1851 sur une barricade de la rue Montorgueil, en protestant contre le coup d'État. A droite, les expropriations ont découvert d'immenses bâtiments, occupés actuellement par des écoles

communales de filles et de garçons et antérieurement par
l'entrepôt des glaces de Saint-Gobain. Cet emplacement
dépendait autrefois du domaine du pressoir de l'hôpital
Sainte-Catherine.

Un peu plus loin, tout à fait en bordure de la rue
Réaumur et à côté du passage de la cour des Miracles,
la maison qui dresse ses six étages délabrés et noircis par
le temps est, paraît-il, l'ancien hôtel du Pressoir. Une
prétendue marquise du Quesnay y tenait, sous le règne
de Louis XV, un tripot où débuta la Dubarry, plus tard
Cotillon III.

Faut-il en accuser le voisinage du pressoir de l'hôpital
Sainte-Catherine? Je ne sais; toujours est-il que les
habitants de la rue des Petits-Carreaux, que nous allons
traverser, avaient la réputation de boire sec :

> Tous les gens du Petit-Carreau
> Dans leur vin n'admettent pas d'eau,

disait un vieux dicton qui avait cours, probablement, au
temps où l'enseigne des *Trois-Bouteilles* et celle du
Château-Gaillard rivalisaient, dans cette rue, avec le
Triomphe de Bacchus dont le propriétaire, vers 1714,
portait un nom capable de donner soif au moins altéré
de ses clients. Il s'appelait Le Poivre !

La rue Réaumur traverse ensuite les rues d'Aboukir,
de Cléry, du Sentier, Montmartre, Joquelet et Notre-
Dame-des-Victoires. Aucune des maisons qu'elle a sup-
primées sur son passage ne présentait un caractère d'art
ou historique très important.

Je me borne à vous signaler, rue Montmartre, le

numéro 107, dont la démolition a démasqué les pignons postérieurs des Messageries dites nationales après avoir été successivement royales et impériales.

« Avant le ministère Turgot, dit un auteur de cette époque, les voitures publiques étaient d'énormes cabas, où les voyageurs faisaient à peu près dix lieues par jour en se levant à minuit et en se couchant à onze heures du soir ; voitures bien peu prestes pour des voyageurs ou des négociants qui ont affaire d'une extrémité du royaume à l'autre, et qui n'ont pas le moyen de courir en poste. Ce ministre, accoutumé à voir tout en grand, reçut le projet qu'on lui donna de faire voyager, commodément et en poste, les personnes qui désiraient se transporter d'un endroit du royaume à un autre. Les premières voitures qui parurent furent appelées *turgotines*. Le public en fut si satisfait qu'il ne tarda pas à en établir d'autres dans les principales villes du royaume au prix de seize sols par poste pour chaque personne. »

Quel enseignement, Messieurs, que cette rapide évocation du passé même limitée à une rue, à un quartier ! Le prieuré de Saint-Martin avec ses privilèges et l'âpre ingéniosité de ses moines, l'orphelinat de la Trinité si cruel aux pauvres bâtards, la rue Saint-Denis réputée la plus belle de Paris, les turgotines, perfection dernière de l'industrie des transports, n'est-ce pas là autant de faits particuliers, d'une vérité générale, qui suffisent à rétablir la physionomie de l'ancienne France ?

Et ce monde, dont nous sommes issus, ne nous semble-t-il pas tout à fait étranger, tant les progrès accomplis depuis la Révolution dans l'assistance, l'hygiène, la viabilité, les moyens de locomotion, toutes les industries et toutes les institutions, nous en différencient profondément?

A vrai dire, les transformations de Paris sont l'œuvre du temps et de l'esprit humain. C'est la nécessité de vivre qui fait de l'édifice une ruine, du monastère un entrepôt, du palais un hôpital, du parc une cité ouvrière. Mais notre temps a vu l'intervention, dans le perpétuel devenir des sociétés et des cités, d'une force nouvelle plus impérieuse et plus pressante.

La science a révélé aux hommes les infiniment petits qui sont leurs ennemis infiniment redoutables. Elle a découvert la genèse des fléaux qui dévastaient les villes. Elle a entraîné le monde à modifier ses concepts et ses mœurs. Il faut lui obéir. Et c'est elle qui vient d'accomplir cette trouée. Elle en fera bien d'autres au train dont elle nous mène, et sa marche n'éveille en nous que l'inquiétude de ne pouvoir la suivre. Nous pouvons cependant garder une certitude, c'est que son œuvre est inséparable de celle de la démocratie et que, par la conjonction de leurs forces, s'élabore une humanité supérieure, fondée sur la philosophie de la bonté et de la raison.

Discours de M. de Selves

M. le Préfet de la Seine a prononcé ensuite le discours suivant :

Monsieur le Président,
Monsieur le Ministre de l'Intérieur,
Messieurs,

Au mois de juillet 1891, M. le Président Carnot (comme vous aujourd'hui, Monsieur le Président) voulait bien donner un haut témoignage du sympathique intérêt qu'il portait à toutes les manifestations de la puissante activité de Paris, en présidant à l'inauguration de l'avenue de la République.

Mon distingué prédécesseur, M. Poubelle, dans un magistral discours faisait alors de Paris et de ses transformations successives la plus intéressante histoire. Parcourant les périodes dont les vieux monuments de la grande Cité sont les durables souvenirs, il faisait revivre tout le Paris d'autrefois et montrait sa marche incessante vers ce progrès, cette amélioration des conditions de la vie, dont le Conseil municipal actuel poursuit la réalisation et dont il rêverait de parachever l'œuvre s'il était permis de penser qu'en matière de progrès quelconque, il peut y avoir jamais une œuvre terminée et définitive.

L'ouverture de la rue Réaumur est la continuation de l'exécution du programme que l'Assemblée municipale s'était tracé en matière de voirie et dont l'inauguration de 1891 marquait l'une des manifestations.

Les œuvres de Paris, par leur grandeur et leurs

4

conséquences, prennent immédiatement le caractère d'œuvres nationales. Aussi trouvent-elles toujours auprès de vous, Monsieur le Président, la marque d'une sollicitude dont votre présence en ce jour est une nouvelle preuve. Et nous oserions vous en remercier, si nous ne craignions de heurter l'idée si élevée que vous avez des devoirs du chef de l'État.

C'est dans une des plus vieilles parties de notre cher Paris qu'a été faite la large et longue trouée de la rue Réaumur, y constituant l'une de ces grandes artères par où s'écoulera l'activité productrice des quartiers avoisinants et d'où viendront à ces mêmes quartiers les grands courants d'air, nécessaires à leur hygiène.

Telle qu'elle est ouverte aujourd'hui, elle commence rue du Temple, au square du Temple, pour finir rue Notre-Dame-des-Victoires ou, mieux, pour se continuer au delà de la place de la Bourse, par la rue du Quatre-Septembre qui en est le prolongement, jusqu'à l'avenue de l'Opéra.

Que de souvenirs et quelles pages d'histoire ont tour à tour évoqués les coups de pioche qui ont abattu les vieux pans de murs !

Là-bas, comme vous l'a dit M. le président du Conseil municipal, au début de la rue Réaumur, près de la rue Volta, c'est le prieuré de Saint-Martin des Champs, avec son champ clos pour les duels judiciaires, ses geôles et ses cachots souterrains pour les prisonniers condamnés à mourir de faim.

Un peu plus loin, entre la rue Saint-Martin et la rue Saint-Denis, c'est le cul-de-sac de Basfour et l'hôpital de la Trinité, destiné aux pèlerins et aux pauvres de passage et dont les religieux, qui s'en allaient quêtant sur leurs ânes, l'avaient fait nommer la Trinité aux Aniers.

C'est le cimetière de la Trinité affermé en 1353 au prévôt des marchands et aux échevins moyennant un droit de perception par fosse et qui fut le point de départ des concessions dans nos cimetières.

Nous rapprochant de la place de la Bourse, entre la rue Saint-Denis et la rue Notre-Dame-des-Victoires, nous côtoyons les anciennes dépendances du couvent des Filles-Dieu ou filles repenties fondé au xiiie siècle; celles du couvent des Catherinettes et des sœurs de Sainte-Catherine, qui donnaient la sépulture aux cadavres trouvés dans la Seine et exposés au Châtelet « où, dans une basse geôle, les parents avaient droit d'entrée pour les morguer à l'aise ».

Notre nouvelle voie coupe la vieille cour des Miracles, dans sa partie méridionale; cette cour des Miracles si fameuse :

« Que de tant de cours des Miracles, dit Sauval, il n'y en a point de plus célèbre que celle-ci, qui conserve comme par excellence le nom de la cour des Miracles. »

A entendre ces récits, certains seront peut-être tentés de nous reprocher d'enlaidir Paris et de supprimer avec nos grandes voies de circulation des pages intéressantes de son histoire.

D'autres, en même temps, nous reprochent d'être trop hésitants dans notre système de voirie et de ne pas assez rapidement tailler dans les vieux quartiers de larges voies qui leur assurent la liberté d'une circulation nécessaire; pour un peu, ils nous donneraient comme modèle les villes de l'Amérique.

Aucune de ces thèses extrêmes ne constitue à mon sens la vérité.

Les besoins modernes ont leurs exigences raisonnées et, sous prétexte de respect historique, nous ne pouvons cependant nous attacher à conserver ces maisons dont a parlé Théophile Gautier :

... laides et rechignées,
Où les carreaux sont faits de toiles d'araignées,

ni conserver davantage cette cour des Miracles, cet « immense vestiaire », comme l'a qualifiée notre grand Victor Hugo, « où s'habillaient et se déshabillaient tous les acteurs de cette comédie éternelle que le vol, la prostitution et le meurtre jouaient sur le pavé de Paris, et dont l'encadrement était formé de vieilles maisons dont les façades vermoulues, ratatinées, rabougries, semblaient, dans l'ombre, d'énormes têtes de vieilles femmes monstrueuses et rechignées ».

Mais je me hâte d'ajouter que nous ne saurions davantage et à aucun prix vouloir que Paris devienne la copie de telle ou telle autre grande cité.

Paris doit rester Paris avec sa physionomie propre.

Il faut que tous les grands travaux nécessaires à son embellissement y soient accomplis, de telle sorte que, par l'aspect qu'ils maintiendront et développeront, le caractère de notre capitale soit de plus en plus affirmé et accusé ; qu'à ceux qui le visiteront, Paris se montre en quelque sorte comme le temple de la Pensée et de l'Art ; que l'architecture de ses rues, leur plan général méthodiquement et artistiquement étudié en soient l'éloquente manifestation.

Et ainsi les œuvres nouvelles, bien loin de supprimer les richesses du passé, les feront valoir et les mettront en lumière.

Unir dans une même pensée le souci des besoins modernes et le culte du beau doit être en effet la règle qui inspire ses élus et ses administrateurs.

Nous avons cherché et nous chercherons de plus en plus à puiser nos idées et nos vues auprès de tous ceux qui constituent les autorités les plus compétentes et que tente avec nous une œuvre aussi séduisante.

Nous chercherons, guidés par eux, quelles sont les réglementations en matière de voirie qui nous peuvent le mieux aider à atteindre le but.

Ingénieurs et artistes qui nous prêteront leur concours, et dont les noms sont déjà si populaires, peuvent-ils trouver pour leur talent un champ d'action plus grand, plus beau, plus cher à leur cœur?

Le Conseil municipal, nous le savons, toujours étroitement uni pour tout ce qui touche à Paris et peut ajouter à sa gloire ou à sa beauté, ne nous marchandera jamais son précieux concours.

Avec lui, confondus dès lors dans un même amour de la grande et puissante Cité, nous travaillerons avec joie, Monsieur le Président, à préparer à la France et au monde qui se plaît à y venir les éléments d'un Paris plus salubre, plus conforme aux exigences du siècle qui s'approche, mais aussi toujours plus resplendissant de beauté et de charme.

A la suite de ces discours, M. le Président de la République a remis : la croix d'officier de la Légion d'honneur à MM. Ristelhueber, chef de service à la Préfecture de la Seine, et Caron, conseiller municipal ; — la croix de chevalier à M. Risler, maire du VIIe arrondissement ; — la rosette d'officier de l'Instruction publique à MM. Bonnevalle, chef de bureau à la Préfecture de la Seine, le docteur Picard, médecin des Enfants assistés, Lyon-Caen, délégué cantonal, — et les palmes académiques à MM. Bigorgne, Simonet, Bonne, conducteurs des travaux de la Ville de Paris ; Guillot, directeur-fondateur de la Société de prévoyance « la Boule de neige » ; Mme Ferron, directrice d'école communale ; M. Orsatti, commissaire de police, et M. Duvivier, officier de paix.

La cérémonie s'est terminée par une visite à la mairie du IIe arrondissement, où M. le Président de la République a été reçu par le Maire, M. Vavasseur, assisté de ses adjoints, et par les conseillers municipaux de l'arrondissement, MM. Blachette, Caron, Bellan et Rebeillard.

De là le cortège s'est rendu, en parcourant toute la rue Réaumur, à la mairie du IIIe arrondissement, où M. le Président de la République a été reçu par le Maire, M. Tantet, assisté de ses adjoints, et par les conseillers municipaux de l'arrondissement, MM. Blondel, Louis Lucipia, Foussier et Puech.

En quittant la mairie, M. le Président de la République a exprimé à M. le président du Conseil municipal et à M. le Préfet de la Seine toute la satis-faction qu'il éprouvait de cette belle cérémonie et le plaisir que lui avait causé l'accueil sympathique de la population.

LISTE

Par ordre d'Arrondissements et de Quartiers

DE MM. LES MEMBRES

DU CONSEIL MUNICIPAL DE PARIS

1er ARRONDISSEMENT.

Quartier Saint-Germain-l'Auxerrois.
Edmond GIBERT, ancien négociant, quai de la Mégisserie, 8.

Quartier des Halles.
Alfred LAMOUROUX, docteur en médecine, rue de Rivoli, 150.

Quartier du Palais-Royal.
Alexis MUZET, ancien négociant, rue des Pyramides, 3.

Quartier de la Place-Vendôme.
DESPATYS, ancien magistrat, place Vendôme, 22.

2e ARRONDISSEMENT.

Quartier Gaillon.
BLACHETTE, représentant de commerce, rue Saint-Augustin, 33.

Quartier Vivienne.
CARON, avocat, ancien agréé, rue Saint-Lazare, 80.

Quartier du Mail.
Léopold BELLAN, négociant, rue des Jeûneurs, 30.

Quartier Bonne-Nouvelle.
REBEILLARD, joaillier-sertisseur, rue Grenéta, 54.

3e ARRONDISSEMENT.

Quartier des Arts-et-Métiers.
BLONDEL, avocat, boulevard Beaumarchais, 93.

Quartier des Enfants-Rouges.
Louis LUCIPIA, publiciste, rue Béranger, 15.

Quartier des Archives.
FOUSSIER, ancien négociant, boulevard du Temple, 54.

Quartier Sainte-Avoye.
PUECH, avocat à la Cour d'Appel, boulevard de Sébastopol, 104.

4e ARRONDISSEMENT.

Quartier Saint-Merri.
Opportun, ancien commerçant, rue des Archives, 13.

Quartier Saint-Gervais.
Piperaud, ancien chef d'institution, rue du Roi-de-Sicile, 10.

Quartier de l'Arsenal.
Hervieu, ancien juge au Tribunal de commerce, boulevard Bourdon, 37.

Quartier Notre-Dame.
Ruel, propriétaire, rue de Rivoli, 54.

5e ARRONDISSEMENT.

Quartier Saint-Victor.
Sauton, architecte, rue Soufflot, 24.

Quartier du Jardin-des-Plantes.
Charles Gras, lithographe, boulevard Saint-Michel, 133.

Quartier du Val-de-Grâce.
Lampué, propriétaire, boulevard du Port-Royal, 72.

Quartier de la Sorbonne.
André Lefèvre, chimiste, rue de l'École-Polytechnique, 14.

6e ARRONDISSEMENT.

Quartier de la Monnaie.
Berthelot, professeur agrégé, rue Mazarine, 11.

Quartier de l'Odéon.
Alpy, docteur en droit, avocat à la Cour d'Appel, rue Bonaparte, 68.

Quartier Notre-Dame-des-Champs.
Deville, avocat à la Cour d'Appel, rue du Regard, 12.

Quartier Saint-Germain-des-Prés.
Prache, avocat à la Cour d'Appel, rue Bonaparte, 30.

7e ARRONDISSEMENT.

Quartier Saint-Thomas-d'Aquin.
Ambroise Rendu, docteur en droit, avocat à la Cour d'Appel, rue de Lille, 36.

Quartier des Invalides.
Roger Lambelin, publiciste, rue Saint-Dominique, 30.

Quartier de l'École-Militaire.
Lerolle, avocat à la Cour d'Appel, avenue de Villars, 10.

Quartier du Gros-Caillou.
Arsène Lopin, publiciste, quai d'Orsay, 105.

8e ARRONDISSEMENT.

Quartier des Champs-Élysées.
QUENTIN-BAUCHART, avocat et homme de lettres, rue François-Ier, 31.

Quartier du Faubourg-du-Roule.
CHASSAIGNE-GOYON, docteur en droit, avocat, rue de la Boétie, 110.

Quartier de la Madeleine.
FROMENT-MEURICE, orfèvre, rue d'Anjou, 46.

Quartier de l'Europe.
Louis MILL, avocat à la Cour d'Appel, rue de Monceau, 83.

9e ARRONDISSEMENT.

Quartier Saint-Georges.
Paul ESCUDIER, avocat à la Cour d'Appel, rue Moncey, 20.

Quartier de la Chaussée-d'Antin.
Max VINCENT, avocat à la Cour d'Appel, rue de la Victoire, 58.

Quartier du Faubourg-Montmartre.
CORNET, ancien négociant, rue de Trévise, 6.

Quartier Rochechouart.
Paul STRAUSS, journaliste, rue Victor-Massé, 3.

10e ARRONDISSEMENT.

Quartier Saint-Vincent-de-Paul.
Georges VILLAIN, publiciste, rue de Maubeuge, 81.

Quartier de la Porte-Saint-Denis.
HATTAT, négociant, rue de l'Aqueduc, 21.

Quartier de la Porte-Saint-Martin.
THUILLIER, entrepreneur de plomberie, rue de Paradis, 20.

Quartier de l'Hôpital-Saint-Louis.
FAILLET, comptable, boulevard de la Villette, 19.

11e ARRONDISSEMENT.

Quartier de la Folie-Méricourt.
PARISSE, ingénieur des arts et manufactures, rue Fontaine-au-Roi, 49.

Quartier Saint-Ambroise.
LEVRAUD, docteur en médecine, boulevard Voltaire, 98.

Quartier de la Roquette.
FOUREST, médecin-vétérinaire, avenue Parmentier, 6.

Quartier Sainte-Marguerite.
CHAUSSE, ébéniste, avenue Philippe-Auguste, 64.

12e ARRONDISSEMENT.

Quartier du Bel-Air.

Marsoulan, fabricant de papiers peints, rue de Paris, 90 (Charenton).

Quartier de Picpus.

John Labusquière, publiciste, rue de Rivoli, 4.

Quartier de Bercy.

Colly, imprimeur, rue Baulant, 11.

Quartier des Quinze-Vingts.

Pierre Baudin, avocat à la Cour d'Appel, avenue Ledru-Rollin, 83.

13e ARRONDISSEMENT.

Quartier de la Salpêtrière.

Paul Bernard, avocat à la Cour d'Appel, rue Lebrun, 3.

Quartier de la Gare.

Navarre, docteur en médecine, avenue des Gobelins, 30.

Quartier de la Maison-Blanche.

Henri Rousselle, commissionnaire en vins, rue Humboldt, 25.

Quartier Croulebarbe.

Alfred Moreau, corroyeur, boulevard Arago, 38.

14e ARRONDISSEMENT.

Quartier du Montparnasse.

Ranson, représentant de commerce, rue Froidevaux, 6.

Quartier de la Santé.

Dubois, docteur en médecine, avenue du Maine, 165-167.

Quartier du Petit-Montrouge.

Champoudry, géomètre, rue Sarette, 25.

Quartier de Plaisance.

Georges Girou, comptable, rue des Plantes, 42.

15e ARRONDISSEMENT.

Quartier Saint-Lambert.

Chérioux, entrepreneur de maçonnerie, rue de l'Abbé-Groult, 107.

Quartier Necker.

Bassinet, entrepreneur, rue de Vouillé, 47.

Quartier de Grenelle.

Ernest Moreau, forgeron, rue du Théâtre, 150.

Quartier de Javel.

Daniel, modeleur-mécanicien, rue Saint-Charles, 143.

16ᵉ ARRONDISSEMENT.

Quartier d'Auteuil.
Le Breton, ingénieur, rue Chardon-Lagache, 47.

Quartier de la Muette.
Caplain, chaussée de la Muette, 6.

Quartier de la Porte-Dauphine.
Gay, publiciste, rue de la Faisanderie, 26.

Quartier de Chaillot.
Astier, pharmacien, avenue Kléber, 72.

17ᵉ ARRONDISSEMENT.

Quartier des Ternes.
Paul Viguier, publiciste, avenue Carnot, 9.

Quartier de la Plaine-Monceau.
Bompard, docteur en droit, rue de Prony, 65.

Quartier des Batignolles.
Clairin, avocat à la Cour d'Appel, rue de Rome, 133.

Quartier des Épinettes.
Paul Brousse, docteur en médecine, avenue de Clichy, 81.

18ᵉ ARRONDISSEMENT.

Quartier des Grandes-Carrières.
Adrien Veber, avocat à la Cour d'Appel, rue Lepic, 53.

Quartier de Clignancourt.
Fournière, publiciste, rue Caulaincourt, 129.

Quartier de la Goutte-d'Or.
Breuillé, correcteur d'imprimerie, rue Stephenson, 45.

Quartier de la Chapelle.
Blondeau, charron, rue de la Chapelle, 112.

19ᵉ ARRONDISSEMENT.

Quartier de la Villette.
Vorbe, fondeur, rue Armand-Carrel, 1.

Quartier du Pont-de-Flandre.
Brard, employé, rue de l'Ourcq, 58.

Quartier d'Amérique.
Charles Bos, publiciste, rue des Mignottes, 6.

Quartier du Combat.
Grébauval, homme de lettres, rue de la Villette, 47.

20e ARRONDISSEMENT.

Quartier de Belleville.

BERTHAUT, facteur de pianos, rue des Couronnes, 122.

Quartier Saint-Fargeau.

ARCHAIN, correcteur typographe, rue Pelleport, 165.

Quartier du Père-Lachaise.

LANDRIN, ciseleur, avenue Gambetta, 121.

Quartier de Charonne.

PATENNE, graveur, rue des Pyrénées, 89.

LISTE

DE MM. LES MEMBRES DU CONSEIL GÉNÉRAL

DES CANTONS SUBURBAINS

ARRONDISSEMENT DE SAINT-DENIS.

Canton d'Asnières.

LAURENT-CÉLY, ancien officier, rue de Provence, 59, à Paris et rue Steffen, 21, à Asnières (Seine).

Canton d'Aubervilliers.

DOMART, propriétaire, rue de la Courneuve, 8, à Aubervilliers (Seine).

Canton de Boulogne.

Léon BARBIER, marchand de bois, rue de Sèvres, 77, à Boulogne (Seine).

Canton de Clichy.

MARQUEZ, pharmacien, rue de Paris, 13, à Clichy (Seine).

Canton de Courbevoie.

Stanislas FERRAND, architecte-ingénieur, rue de la Victoire, 35, à Paris et rue Victor-Hugo, 249, à Bois-Colombes (Seine).

Canton de Levallois-Perret.

LEX, propriétaire, rue Fazillau, 71, à Levallois-Perret (Seine).

Canton de Neuilly.

RIGAUD, fabricant de produits chimiques et pharmaceutiques, rue de la Bienfaisance, 25.

Canton de Noisy-le-Sec.

COLLARDEAU, ancien clerc de notaire, rue Halévy, 6, à Paris et rue Saint-Denis, 18, à Bondy (Seine).

Canton de Pantin.

JACQUEMIN, employé de commerce, route de Flandre, 99, à Aubervilliers (Seine).

Canton de Puteaux.

FÉRON, pharmacien, route Stratégique, 32, à Suresnes (Seine).

Canton de Saint-Denis.

Stanislas LEVEN, rentier, rue Miromesnil, 18.

Canton de Saint-Ouen.

BASSET, docteur en médecine, boulevard Victor-Hugo, 79, à Saint-Ouen (Seine).

ARRONDISSEMENT DE SCEAUX.

Canton de Charenton.

Barrier, professeur à l'École nationale vétérinaire d'Alfort, rue Bouley, 4, à Alfort (Seine).

Canton d'Ivry.

Lévêque, horticulteur, rue du Liégat, 69, à Ivry (Seine).

Canton de Montreuil.

Pinet, inspecteur primaire en retraite, rue de Rosny, 98bis, à Montreuil (Seine).

Canton de Nogent-sur-Marne.

Blanchon, propriétaire, rue de Turbigo, 64, à Paris, et Grande-Rue, 195, à Champigny (Seine).

Canton de Saint-Maur.

Piettre, docteur en médecine, avenue Chanzy, 5, à La Varenne-Saint-Hilaire (Seine).

Canton de Sceaux.

Carmignac, propriétaire et manufacturier, rue Victor-Hugo, 21, à Montrouge (Seine).

Canton de Vanves.

A. Gervais, publiciste, rue Baudin, 3, à Issy (Seine).

Canton de Villejuif.

Thomas, menuisier, rue Carnot, 11, au Kremlin-Bicêtre (Seine).

Canton de Vincennes.

Gibert (de Saint-Mandé), professeur, rue de l'Alouette, 6, à Saint-Mandé (Seine).

Chef du secrétariat du Conseil municipal et du Conseil général,
Chef de service : M. RISTELHUEBER.

Imprimerie de l'École Estienne. — É. HÉRUPÉ et A. GOULHOT, metteurs en pages.